COURS

MÉTHODIQUE

DE DESSIN LINÉAIRE

ET

DE GÉOMÉTRIE USUELLE

Deuxième Partie

COURS SUPÉRIEUR

COURS
MÉTHODIQUE
DE DESSIN LINÉAIRE
ET
DE GÉOMÉTRIE USUELLE
APPLICABLE A TOUS LES MODES D'ENSEIGNEMENT

PAR M. LAMOTTE
INSPECTEUR SPÉCIAL DE L'INSTRUCTION PRIMAIRE DU DÉPARTEMENT DE LA SEINE
CHEVALIER DE LA LÉGION D'HONNEUR

Deuxième Partie
COURS SUPÉRIEUR

PLANCHES

PARIS
CHEZ L. HACHETTE
LIBRAIRE DE L'UNIVERSITÉ ROYALE DE FRANCE
RUE PIERRE-SARRAZIN, N° 12

1843

ORNEMENTS TIRÉS DE L'ANTIQUE.

Librairie de L. HACHETTE, Rue Pierre Sarrazin, N° 12, à Paris.

ORNEMENTS TIRÉS DE LA RENAISSANCE.

COURS SUPÉRIEUR, Pl. 8.

Librairie de L. HACHETTE, Rue Pierre-Sarrazin, N° [illegible], à Paris.

ORNEMENTS MODERNES.

Librairie de L. HACHETTE, Rue Pierre Sarrasin, N° 12, à Paris.

MEUBLES TIRÉS DE L'ANTIQUE.

Librairie de L. HACHETTE, Rue Pierre Sarrazin, N° 12, à Paris.

MEUBLES TIRÉS DE LA RENAISSANCE.

Librairie de L. HACHETTE, Rue Pierre Sarrazin, N° 12, à Paris.

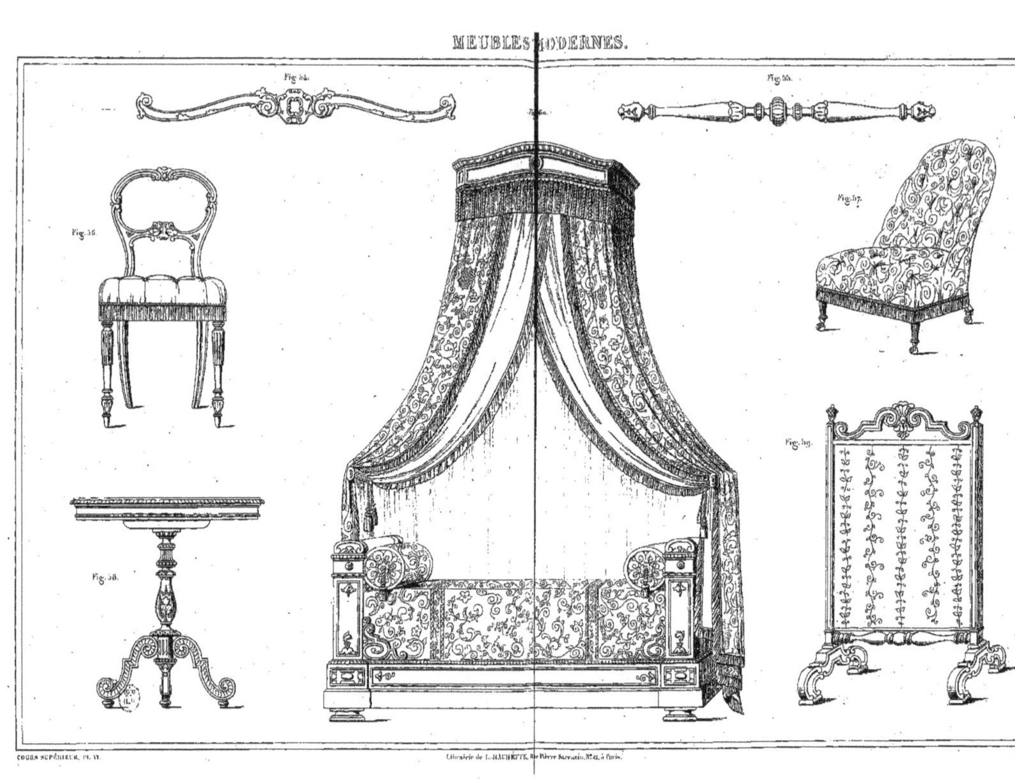
MEUBLES MODERNES.
Fig. 54.
Fig. 55.
Fig. 56.
Fig. 57.
Fig. 58.
Fig. 59.
COURS SUPÉRIEUR, Pl. VI.
Librairie de L. HACHETTE, Rue Pierre Sarrazin, N°12, à Paris.

VASES GRECS.

...ERRIER, Pl. VII.

Librairie de L. HACHETTE, Rue Pierre Sarrazin, N° 12, à Paris.

Gravé par Duval

VASES TIRÉS DE LA RENAISSANCE.

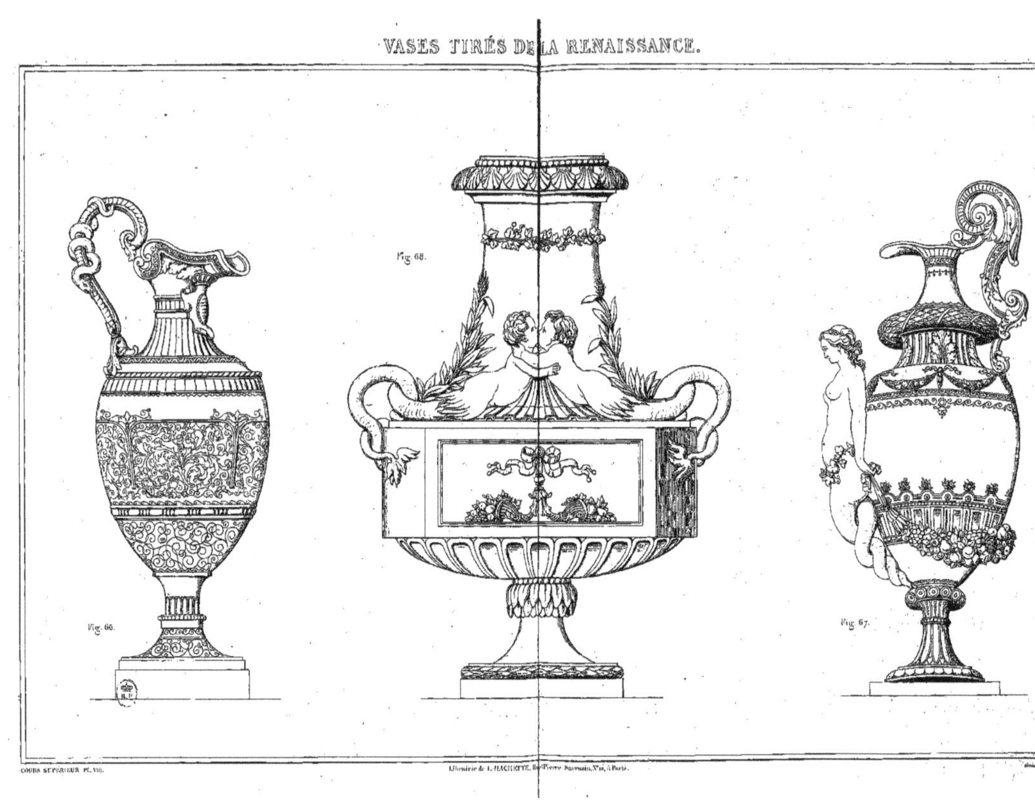

Librairie de L. HACHETTE, R. Pierre Sarrazin, N° 14, à Paris.

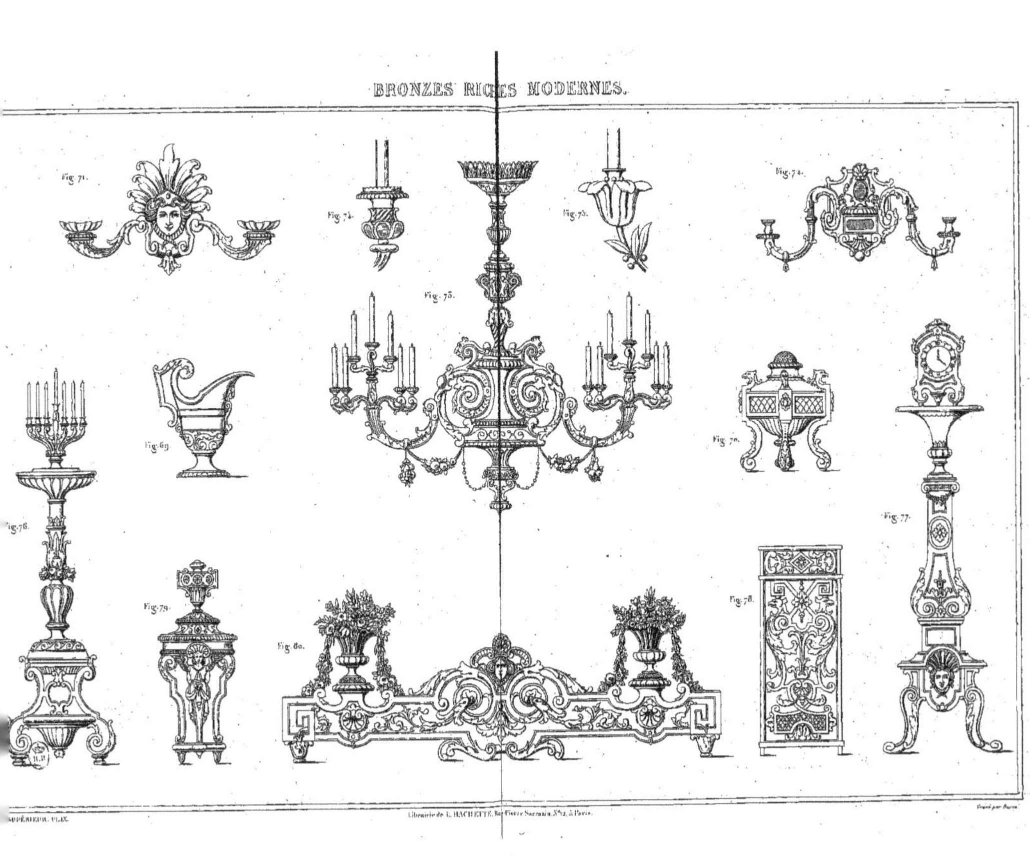
BRONZES RICHES MODERNES.
Fig. 71.
Fig. 74.
Fig. 73.
Fig. 72.
Fig. 75.
Fig. 69.
Fig. 70.
Fig. 76.
Fig. 77.
Fig. 78.
Fig. 79.
Fig. 80.
…SUPÉRIEUR. PL. IX.
Librairie de L. HACHETTE, Rue Pierre Sarrazin, N°12, à Paris.
Gravé par

LES SEPT ORDRES D'ARCHITECTURE.

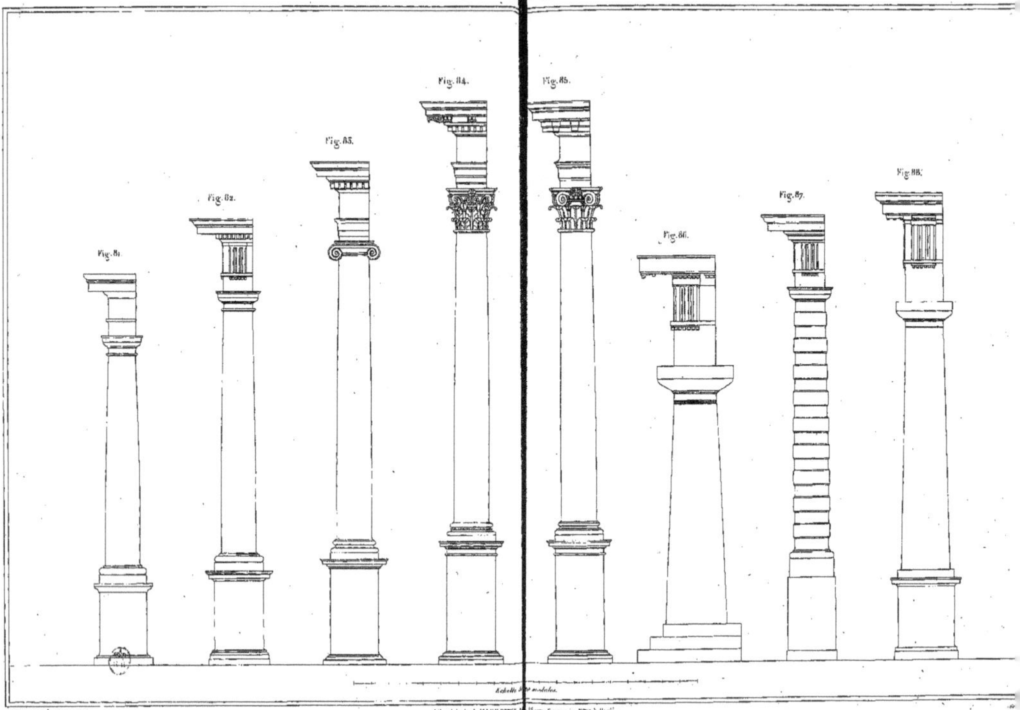

Fig. 81.

Fig. 82.

Fig. 83.

Fig. 84.

Fig. 85.

Fig. 86.

Fig. 87.

Fig. 88.

Échelle de [illegible] modules.

COURS SUPÉRIEUR. PL. X.

Librairie de L. HACHETTE, r. Pierre Sarrazin, N° 12, à Paris.

DÉTAILS SUR LES ORDRES D'ARCHITECTURE.
Fig. 89.
Fig. 90.
Fig. 91.
Fig. 92.
Fig. 93.
Fig. 94.
Fig. 95.
Fig. 96.
Fig. 97.
Fig. 98.
Fig. 99.
Fig. 100.
Fig. 101.
Librairie de L. HACHETTE, Rue Pierre Sarrazin, N° 12, à Paris.

MOTIFS TIRÉS DES DIFFÉRENTS STYLES D'ARCHITECTURE.

Librairie de L. HACHETTE, Rue Pierre Sarrazin, N° 12, à Paris.

MÉCANIQUE.

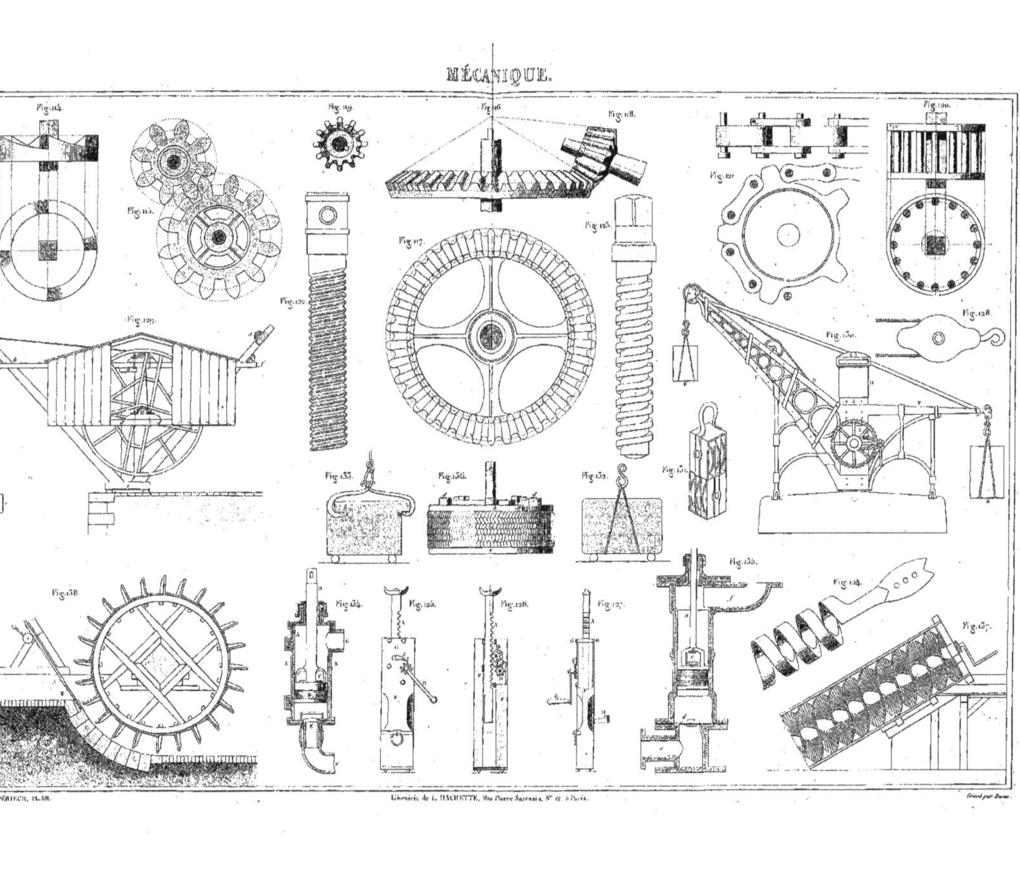

Librairie de L. HACHETTE, Rue Pierre Sarrazin, N° 12, à Paris.

MÉCANIQUE.

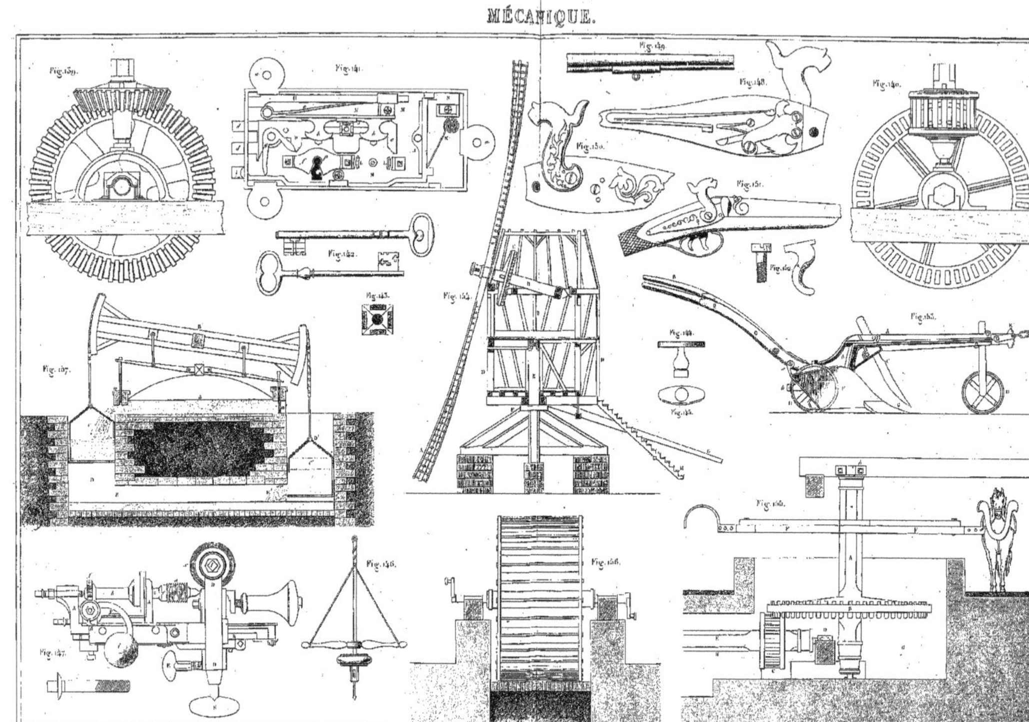

Librairie de L. HACHETTE, Rue Pierre Sarrazin, N°12, à Paris.

MACHINE A VAPEUR AVEC CYLINDRE HORIZONTAL.

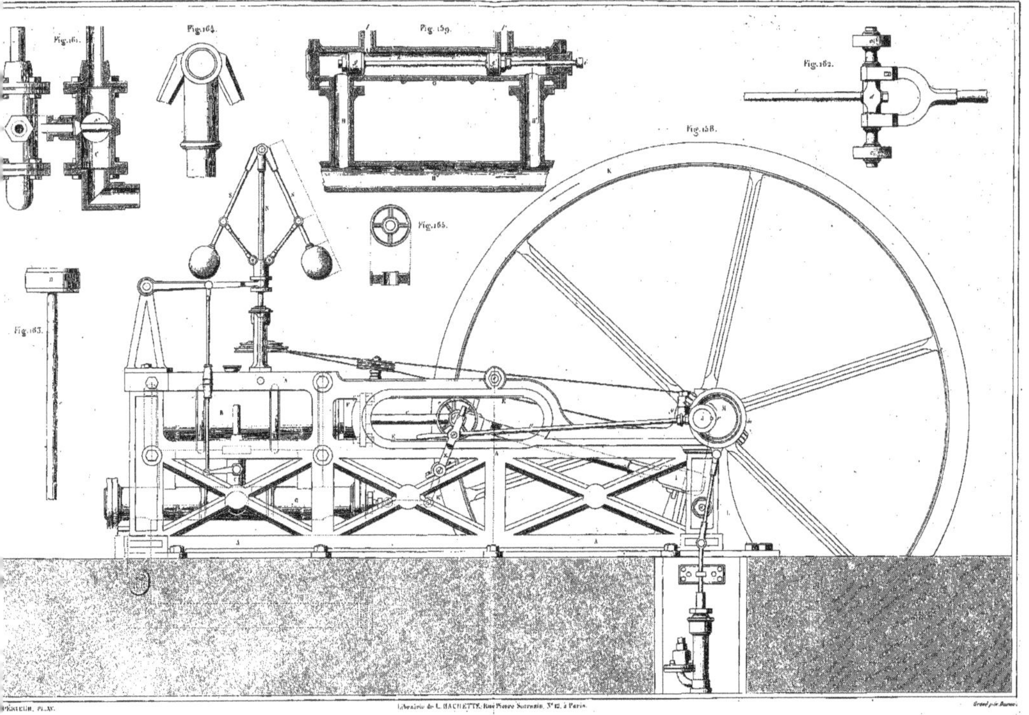

Librairie de L. HACHETTE, Rue Pierre Sarrazin, N° 12, à Paris.

Gravé par Darmé.

www.ingramcontent.com/pod-product-compliance
Lightning Source LLC
LaVergne TN
LVHW012018170826
845678LV00004BA/1541

* 9 7 8 2 3 2 9 7 9 2 1 6 3 *